世界海洋百科丛书

红 将 编写

大海传奇

海洋出版社

2012年·北京

蔚蓝世界海洋百科丛书·编写组

主　编：阎　安

编　委：阎　安　屠　强　姚海科　向思源
　　　　柳　茵　吴　溪　肖　炜　郑　珂
　　　　高朝君　闫　琳　王　涛　张均龙
　　　　周伯文　李香红　将李婷
　　　　于向昀　于向昕　项　翔　海　童
　　　　关晓星

本册编写：红　将

项目策划：海洋出版社文社图书出版中心

丛书统筹：北京海洋蓝魔方文化传媒有限公司

责任编辑：张晓蕾

写在前面

海洋约占地球表面积的71%，对经济和社会发展具有重要作用。海洋是生命的摇篮，是地球上最早生物的诞生源地；海洋是风雨的故乡，对全球气候起着巨大的调控作用；海洋是交通的要道，为人类物质和精神文明交流作出了重大的贡献；海洋是资源的宝库，蕴藏着极为丰富的生物资源、矿产资源、化学资源、水资源和能源；海洋是国防前哨，海洋环境对海上军事活动有很大影响；海洋还是认识宇宙、发展自然科学理论的理想试验场。

随着世界人口激增、陆地资源短缺和生态环境恶化，人们越来越多地把目光移向海洋。海洋正以其富饶的资源、广袤的空间，给人类生存和发展带来新的希望，为全球经济和社会可持续发展奠定了坚实的基础。

我国是一个濒海大国，按照《联合国海洋法公约》的规定，我国拥有约300万平方千米的主张管辖海域，相当于陆地国土面积的三分之一。我国大陆海岸线长达1.8万千米，拥有大小岛屿6500多个，岛屿岸线1.4万多千米。

我国的海域处在中、低纬度地带，自然环境和资源条件比较优越，适合发展各种海洋产业和兴办各类海洋事业。海域内海洋生物物种繁多，渔场面积280多万平方千米，滩涂、港湾和20米水深以内的浅海面积260多万公顷，对发展海洋捕捞业和海水养殖业极为有利。我国海域内石油资源量约250亿吨；海洋可再生能源理论蕴藏量6.3亿千瓦；在国际海底区域还拥有7.5万平方千米多金属结核矿区。此外，我国具有深水岸线几百千米，深水港址数十处；适合发展海洋运输业。滨海地区拥有大量旅游景点，适合发展海洋旅游业。

21世纪是海洋世纪，实施海洋开发正是适应国际环境和国内发展要求的一项重大战略决策。要实施这一战略，就必须有效维护国家的海洋权益，树立国民海洋意识，这对整个国家的经济发展、社会稳定、国家安全具有重大意义。

希望这套为普及海洋知识，带领大家了解海洋，认识海洋的读物能真正帮助更多朋友插上知识的翅膀，与中国的海洋事业一起腾飞。

《蔚蓝世界海洋百科》编写组

目次

海洋文学篇（1）

华夏海魂（2）

上下五千年的波涛	中国的海洋文化
史上最早的地理书	《山海经》
振翅逍遥天海之间	《庄子》
大海中的怪诞传说	《海内十洲记》
献给海的华丽祭文	《海赋》
南海之神祭祀记录	《南海神庙碑》
宋代的海潮汐专著	《海潮论》
孙大圣入龙宫寻宝	《西游记》的海洋情结
郑和下西洋的神话	《三宝太监西洋记》
八仙与龙宫的恩怨	《东游记》
遍访海外寻找花仙	《镜花缘》
清朝民间海洋传说	《聊斋志异》
师夷之长技以制夷	《海国图志》
听海洋的美与壮阔	《听潮》

异域涛声（30）

血与火的汹涌波涛	西方的海洋文化
国王的征战与漂泊	荷马史诗
在大人国和小人国	《格列佛游记》
勇敢的阿拉伯船长	《一千零一夜》
小男孩的寻宝之旅	《金银岛》
超越时代的大预言	《海底两万里》
捕鲸船的悲壮故事	《白鲸》

WEILAN SHIJIE HAIYANG BAIKE CONGSHU

隐喻人类社会的海　《海上扁舟》
到大海中快乐成长　《水孩子》
美人鱼的爱情故事　《海的女儿》
梦幻岛与铁钩船长　《彼得·潘》
坚强水手的英雄赞　《鲁宾孙漂流记》
蛮荒大海上的思考　《海狼》
本能与理智的挣扎　《吉姆爷》
海洋挑战者的颂歌　《冰岛渔夫》
战舰上的爱恨情仇　"本特"号三部曲
人类与海洋的绝唱　《老人与海》
时空交叉的散文诗　约翰·班维尔的《海》

海洋文学篇

HAIYANG WENXUE PIAN

华夏海魂 上下五千年的波涛

中国的海洋文化

ZHONGGUO DE HAIYANG WENHUA

郑和的远洋船队

自古以来,"山"和"海"就是中国文人不断讴歌的主题,大海的广阔博大、变幻莫测让一代又一代文人从中汲取灵感,创作出许许多多不朽的精神财富。

虽然中国同外部世界的海上交往可以追溯到秦汉以前,但海上交通风浪险恶,真正的繁荣却是在隋唐以后。唐代在西域的军事失利,使得传统的西进之陆路交通受到了阻隔,唐中叶以后,海上交通的重要性日渐凸显,此时也是中国航海技术大发展的阶段。

宋朝与辽、夏、金时战时和,丝绸之路时断时续,对外交往变为主要在东南海路进行。北宋时期指南针已用于航海中,南宋改进为罗盘导航,使得造船与航海技术取得了巨大的进步,政府中专业航海机构的设立更促进了海上贸易的进行。

元代杨庭璧出使南海,史弼远征南洋,都显现了中国当时强大的远洋能力,至明成祖遣郑和七下西洋更是使得中国古代海上交通达到了极盛,白帆点点,远征汪洋。

中国古代海船模型

中国古代罗盘副本

  明代航海事业的迅速发展，不仅促进了海上对外交通的繁荣，更增长了人们的知识，扩大了人们的眼界，人们对海洋的了解进一步深入，与海洋的关系也进一步密切起来。

  海上交通的繁荣、航海能力的增强，使得与海洋有关的地理博物体小说和志怪神仙小说也日渐增多起来，出现了专门记载描写海外异域的人情风物、殊俗异闻，航海经历的神秘莫测、惊奇险怪，海上仙山的虚无缥缈、仙宫神物，海洋女神的救苦救难、慈悲为怀等题材的小说，并且形成了一种对海洋魅力心驰神往、对海外世界幻想探究的心理追求。

  中国文人心目中的海是感性的，在很长一段时间里都缺乏对海洋客观理性的研究和记录，不得不说是中国海洋文化的一大缺憾，从某种意义上来说，这也导致了后来中国落后、屈辱的历史。

中国古代海船图画

史上最早的地理书《山海经》
SHANHAIJING

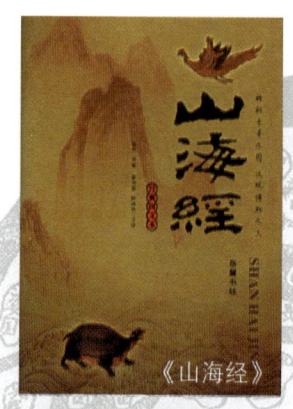
《山海经》

《山海经》是先秦古籍，具体成书年代及作者不详。《山海经》是一部具有神话性质的地理书，也是最古老的地理书籍。它主要记述古代地理、物产、神话、巫术、宗教等，也包括古史、医药、民俗、民族等方面的内容。除此之外，《山海经》还以流水账的方式记载了一些神异的故事，其中就包括我们耳熟能详的夸父逐日、女娲补天、精卫填海、鲧禹治水等。

《山海经》全书18篇，约31 000字。其内容包括《山经》5篇、《海经》9篇、《荒经》4篇。《山经》主要记载山川地理，动植物和矿物等的分布情况；《海经》中的《海外经》主要记载海外各国的奇异风貌；《海内经》主要记载海内的神奇事物；《荒经》主要记载了与黄帝、女娲和大禹等有关的许多重要神话资料。

古代中国一直把《山海经》作为历史看待，是中国各代史家的必备参考书。由于该书成书年代久远，连司马迁写《史记》时也认为："至《禹本纪》，《山海经》所有怪物，余不敢言之也。"《山海经》对古代历史、地理、文化、中外交通、民俗、神话等研究，均有参考价值。

《山海经》中精卫填海的故事

《山海经》记录的顺序是按照地区，所记事物大部分由南开始，然后向西，再向北，最后到达大陆（九州）中部。九州四周被浩瀚无边的海洋所包围，分别是东海、西海、南海、北海。

在《海经》部分，书内介绍了许多大海上的奇闻奇景、珍禽异兽，是最早关于海洋地理的记述，对于中国古代的海洋风俗、海洋开发及海洋神话研究都具有十分重要的意义。可以说，《山海经》是中国海洋文学的始祖。

《山海经》的画面

《山海经》异兽

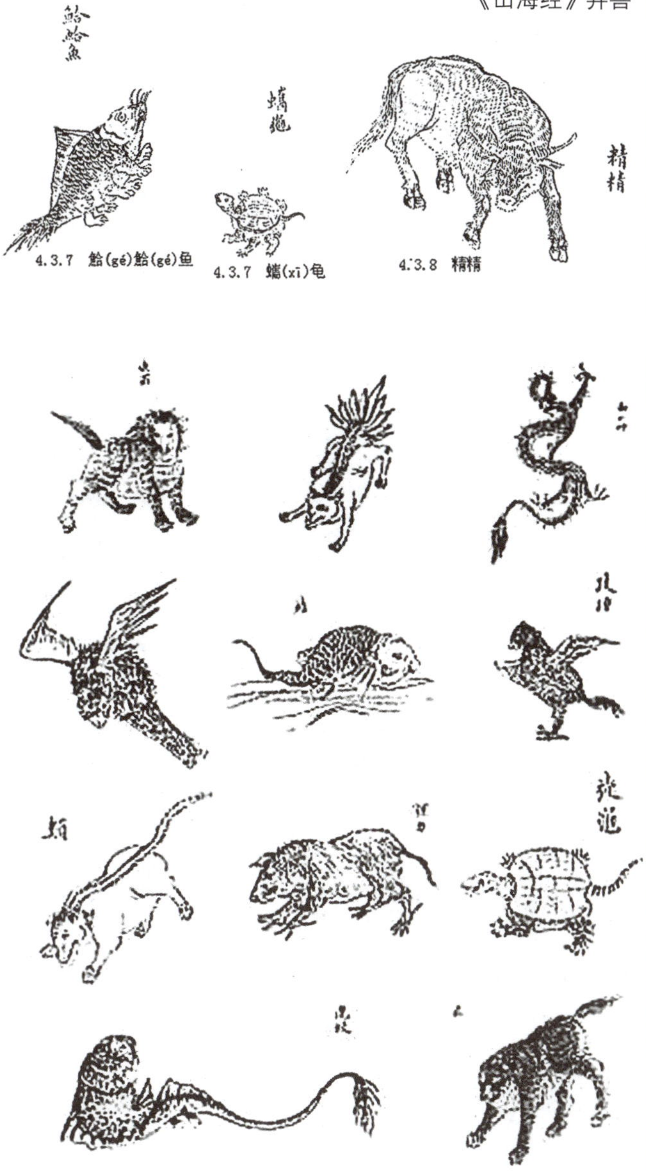

振翅逍遥天海之间

《庄子》
ZHUANGZI

庄子画像

"北冥有鱼，其名为鲲。鲲之大，不知其几千里也。化而为鸟，其名为鹏。鹏之背，不知其几千里也。怒而飞，其翼若垂天之云。是鸟也，海运则将徙于南冥。南冥者，天池也。"

在《庄子·逍遥游》中，庄子通过对大海中鲲、鹏的描写，展示了一个广阔的天地，将人类在思想上的追求提升到无穷，由自由而游的鱼、海，到鲲的天地，进而达到展翅高飞的大鹏和大鹏的广阔天地而远眺遥远的天池南冥。这也就是说由水的世界而达到水天合一更宽阔的天地，显现一个无所不在的领域和境界。这是何等壮阔的世界？但是这种境界上需要再求上升，从悠游於北冥之鲲，酝酿变化而成为鹏，除了展现"道"的无边无际，而大鹏所代表的就是境界的上升，从现实中超拔而起，另外开辟一个飞扬活跃的精神境界，可说是求道的历程。

传说中鲲的形象

庄子

在转换的历程中,"积厚"与"有待"是两个重要的观念。"积厚",意谓北海之水不厚,则无可养大鲲,非大道之渊源广大,不能涵养圣人。"有待",如鲲化鹏,虽欲远举,若无大风承负,必然无法抵达南冥,就算已养成大体,若不能加以变化,亦无法获致大用,要承于自然之道,乘天地之正,御六气之辩,才能至远,而自然之道是只能顺乎其中,而不得外求的,因此圣人也必须要乘世道交兴之大运,才能应运出兴,成就事业。总的来说,必须要深蓄厚养,待时而动,才能尽大圣之体用。

著名画家范曾笔下的庄子

大海中的怪诞传说

《海内十洲记》
HAINEI SHIZHOUJI

《海内十洲记》，又称《十洲记》，志怪小说集，据说是由汉朝东方朔编撰。

《海内十洲记》记载了汉武帝听西王母说起大海中有祖洲、瀛洲、玄洲、炎洲、长洲、元洲、流洲、生洲、凤麟洲、聚窟洲十洲，便召见东方朔问十洲所有的神异事物，后附沧海岛、方丈洲、扶桑、蓬丘、昆仑五条，在记述结构和内容方面都有明显模仿《山海经》的痕迹。此书保存了不少神话传说材料，其中对于海外神奇的异物精灵留下了许多生动有趣的描写。

汉武帝

东海祖洲上有不死草，可以让死人复活，秦始皇得知后，派遣徐福携五百童男童女率船队入海寻找，却一去不返。

东海瀛洲上有神芝仙草，有高达千丈的玉石，有味甜如酒的甘泉，名为玉醴泉，人喝不了多少就会醉，这种泉水可以令人长生。

北海玄洲多山，有神仙府邸。

南海炎洲有神奇的风生兽、火光兽，都是拥有异能的奇兽。

南海长洲也叫青丘，据说这里是九尾狐的故乡。

北海元洲上有五芝玄涧，涧水如蜜浆，饮之可得长生。

东方朔　　　　　九尾狐　　　　　　　仙女

西海流洲上有昆吾石，可提炼打造成削铁如泥的宝剑。

东海生洲上气候宜人，物产丰富，是最富饶的一洲。

西海凤麟洲多凤麟，又有山川池泽及神药百种，亦多仙家。煮凤喙及麟角，合煎作膏，名之为续弦胶，或名连金泥，此胶能续弓弩已断之弦、刀剑断折之金，粘好之后，即使别处被拉断，粘口处仍安然无恙。

西海聚窟洲上有异兽，铜头铁额，叫声震天，即使是狮虎见到它也畏惧得不敢抬头。

北海沧海岛上有神石，食之可以长生。

东海方丈洲是群龙的聚居地，上有九源丈人宫主，领天下水神及龙蛇巨鲸阴精水兽之辈。

东海扶桑上多神桑，九千年结果一次，吃了这个果实能够成仙。

蓬丘也叫蓬莱山，在东海东北岸，这里是仙人聚居的圣地。

仙人

献给海的华丽祭文

《海赋》

HAIFU

魏晋时期流行词藻华丽的赋文，许多文人都曾经写过赞颂大海的赋，如曹操、曹丕父子都曾经写过《沧海赋》，晋朝的潘岳也曾经写过《沧海赋》。在这些赋中成就最高的，当属晋朝木华的《海赋》。

《海赋》以大海为观照与描写对象，综合地运用了铺陈、比喻、想象、夸张等手法，气韵生动、绘声绘色地展现了大海的"为广"、"为怪"、"为大"的面貌与特点，反映了魏晋时代人们对文献典籍关于海的既在的知性理解和具有航海经历者对海的感性认识。

在木华笔下，大海"浮天无岸"，"波连如山"，雄伟壮阔，诡异变幻；大海一旦震怒，则"崩云屑雨"，"荡云沃日"，舟子渔人，萍流浮转；大海极其富饶，太颠之宝，隋侯之珠不足为贵；大海神奇莫测，"群仙缥缈，餐玉清涯"，令人遐想。

大海图

绘画作品中的大海

如果说，类似的内容在木华之前的赋海之作中已有表现的话，那么在遵循这一内容框架的前提下，又近一步扩宽艺术层面，加大描写力度，结合现实生活，联系社会人生，从而突出海的个性，则是木华匠心独运的创举。《海赋》之海已不单纯是神灵生息、主宰世界的奇诡世界，而成为人类征服自然的实践客体。

《海赋》描写细致生动，绘影传神，文笔简洁，对汉大赋罗列排比的传统"体物"手法有重大突破，着意刻画具体事物的鲜明特点，从而增强了作品的艺术魅力与审美品位。后世鲍照的《登大雷岸与妹书》、李白的《早发白帝城》等都深受其启迪与影响。

南海之神祭祀记录

《南海神庙碑》

NANHAI SHENMIAO BEI

祝融形象

南海神庙建于隋朝开皇年间，已有1400多年历史。《南海神庙碑记》立于庙中，由唐韩愈所写，赞颂南海神祝融的功德。

韩愈，字退之，唐河内河阳（今河南孟县）人。自谓郡望昌黎，世称韩昌黎。唐代古文运动的倡导者，宋代苏轼称他"文起八代之衰"，明人推他为唐宋八大家之首，与柳宗元并称"韩柳"，有"文章巨公"和"百代文宗"之名，著有《韩昌黎集》40卷，《外集》10卷，《师说》，等等。

广州南海神庙被认为是海上丝绸之路的发祥地，南海神庙更是一处民族文化的遗址。南海神祝融是中国唯一有历史记载之祖先命名的海神。据《淮南子》载，祝融是黄帝六大辅相之一。黄帝南巡，难于分清方向，派祝融"辨乎南方"，由此而命祝融管理南方事务，建宫于湖南衡山祝融峰，所以祝融被认为是南方人的始祖。

祝融为什么又叫南海神呢？

据有关文字记载，无不以庙中韩愈碑所言为依据，这可能与三国两晋长江中游（楚地）居民南徙岭南有关。

移民们来到一个新城,面对海上变幻莫测的波涛,糅合岭南先民们已有的海神信仰,幻想在冥冥之中有一位海神主宰海事的同时,也希望有位海神长期来保护自己,就是老祖宗祝融。因为祝融本来就受命于黄帝有司南之职,南海就在楚地的南方,自然也应该归这位老祖宗管领了。南海神的最初定位是一种纯自然神,只是到了隋唐以后,随着中原(荆楚)文化在岭南的影响扩大,人们对南海神的崇拜才渐渐融入了祖先崇拜的内容。

韩愈

韩愈的《南海神庙碑记》,是南海神庙保存最早的碑刻。唐宪宗元和十二年(817)和元和十四年(819),孔子的第38代世孙孔癸戈来到广州祭扫南海神,并拨款修葺,扩建了庙宇,适逢唐代大文学家韩愈因《谏迎佛骨表》一事在元和十四年被贬往潮州时途经广州,孔、韩二人素为好友,且孔仰慕韩的文学才能,便请韩愈著文纪念修葺神庙之事,韩愈欣然写下了1000多字的《南海神广利王庙碑》,被广为传颂,使南海神崇拜活动历久不衰。

南海神庙

宋代的海潮汐专著

《海潮论》
HAICHAO LUN

燕肃，字穆之，一字仲穆，宋朝青州益都（今山东益都）人，官至龙图阁直学士，以礼部尚书致仕，人称"燕龙图"。他学识渊博，精通天文物理，创造指南车、记里鼓、莲花漏等仪器，并著有《海潮论》，绘制海潮图阐述潮汐原理。

在对海潮规律的研究上，燕肃做出了卓越的贡献。古时候的人们对潮汐这一自然现象不了解，因而做出了许多荒诞的解释。燕肃认为那些说法不可信，为了揭开这一自然现象之谜，他便利用在沿海州县做官的机会，在各地进行观察、试验，并对各地海潮进行了分析、研究、比较。他先后用了10年的时间，足迹遍及东南沿海，曾到过廉州（今广东合浦）、雷州（今广东海康）、化州（今广东化州）、恩州（今广东阳江）、广州、惠州、潮州（今广东潮安）、越州（今浙江绍兴）、明州（今浙江宁波市）等地。终于在乾兴元年（1022）写出了著名的论著《海潮论》。

《海潮论》首先对形成海潮的原因作了论述。他指出，"日者众阳之母，阴生于阳，故潮附之于日也；月者，太阳之精，水者阴，故潮依之于月也。是故随日而应月，依阴而附阳"。是"盈于朔望，虚于上下弦"。

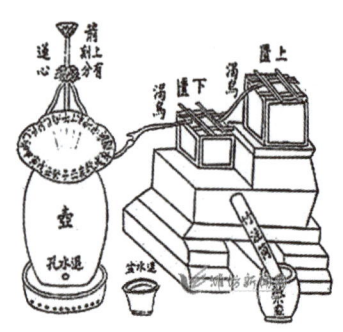

莲花漏

记里鼓

燕肃用我国传统的阴阳五行说来立论，当然是与现代科学差异较大的，但他已经认识到日月的吸引是形成海潮的原因，并且指出一月之中朔望潮大，上下弦潮小，这都等同于现代科学的论断，是完全正确的。其次，在这部专著中，他还对潮候进行了推算，指出了每天海潮涨落的时间，其所举数据是非常精确的。再者，在《海潮论》中，他还对钱塘江潮作了解释。钱塘江潮高浪涌，声若雷鸣，号称世界奇观。沿海的江河入海很多，为何唯有钱塘江入海口的海潮特别大呢？前人未能作出科学的回答。燕肃在《海潮论》中抓住了泥沙堆积、河床升高这个关键问题，第一个较为科学地解释了钱塘江潮。另外，燕肃还根据自己的海潮理论绘制了《海潮图》。

燕肃所作《春山图》

钱塘潮

燕肃

孙大圣入龙宫寻宝
《西游记》的海洋情结
XIYOUJI DE HAIYANG QINGJIE

吴承恩草堂

《西游记》由明代吴承恩所著，是中国古典四大名著之一，是一部优秀的神魔小说，也是一部规模宏伟、结构完整、用幻想形式来反映当时社会现象的精品巨著。在《西游记》中对海洋文化有很多描写。

书中写孙悟空"水不能溺"、"来去如履平地"，在他习得法术之后，曾经大闹龙宫，对龙王颐指气使的情节，最终得到定海神针"如意金箍棒"，即使是后来在保护唐僧西游取经途中，孙悟空也频频东顾大海，与海中龙王保持着密切的联系。

《西游记》的海洋情结与作者吴承恩从小生长在靠海的地方、对海洋非常熟悉有关，《西游记》所写花果山水帘洞就在吴承恩的家乡淮安府海州境内。

吴承恩本人曾写过描写海上仙山的诗赋，其所著《射阳先生存稿》卷一有"投君海上三山赋，赠我花间五色袍"句；在卷四十八《杨柳青》一诗中有"春深水涨嘉鱼味，海近风多健鹤翎"句，表现了对海洋的喜爱；在长兴垂任上，作有《长兴作》，诗中有"会结吾庐沧海上，钓竿轻掣紫金鳌"句，表现已有辞官回家、向往海边生活的意向。

《西游记》的海洋情结与其成书演变过程中逐渐与海洋接近有关。中华文化的发展过程始终是变化变迁的过程，这不仅是文化内容形式的变化，还有文化区域的变迁。

观音这一佛教人物，伴随佛教传入中国也在不断变化之中，观音道场也由西向东迁移，至唐代落脚于海上普陀后，一直香火不绝，种种传说不断丰富着南海观音的形象。

《西游记》中浓重的海洋情结还影响了其他明代小说，如明代的吴元泰的《东游记》所写八仙大闹东海龙宫、观音出面调停的情节，显然受《西游记》的影响。

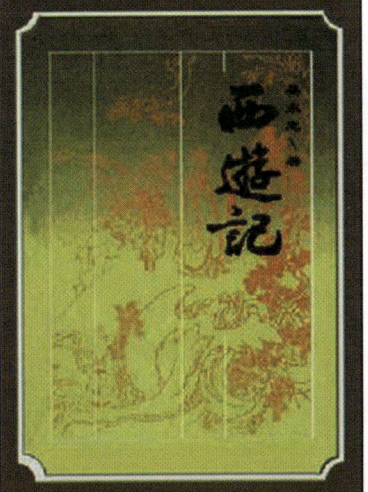

吴承恩与《西游记》

郑和下西洋的神话
《三宝太监西洋记》
SANBAOTAIJIAN XIYANGJI

郑和

《三宝太监西洋记》又名《三宝开港西洋记》、《三宝太监西洋记通俗演义》，简称《西洋记》，共20卷，100回，作者罗懋登，字澄之，明万历间陕西人，著有多部传奇小说。在《三宝太监西洋记》中，作者将明代永乐年间郑和七次奉使"西洋"的史实描绘成神魔小说，希望借此激励明代当时的皇帝勇于抗击倭寇，重振国威。

郑和，本姓马，小字三保，云南昆阳（今昆明晋宁）人，中国历史上最杰出的航海家。郑和约于洪武四年（1371）出生。由于信奉伊斯兰教的原因，幼年时的郑和已开始学习伊斯兰教的教义和教规。郑和父亲与祖父均曾朝拜过伊斯兰教的圣地麦加，熟悉远方异域、海外各国的情况，从父亲与祖父的言谈中，年少的郑和已对外界充满了强烈的好奇心。

从永乐初年起，郑和按照明成祖朱棣的安排转向航海事业。在郑和早期的航海活动中，已经开始研究和分析航海图，通晓牵星过洋航海术，熟通各式东西洋针路簿、天文地理、海洋科学、船舶驾驶与修理的知识技能。

郑和航海图

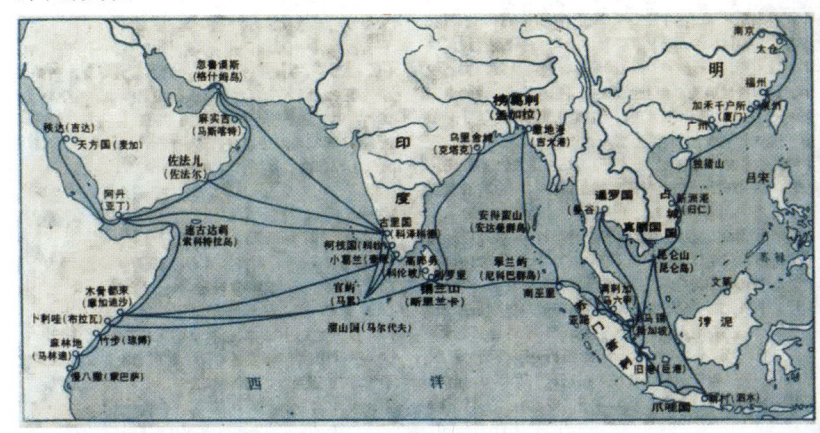

明成祖朱棣

从明永乐三年（1405）至宣德八年（1433年），郑和先后率领庞大船队七下西洋，经东南亚、印度洋远航亚非地区，最远到达红海和非洲东海岸，曾到达过爪哇、苏门答腊、苏禄、彭亨、真腊、古里、暹罗、阿丹、天方、左法尔、忽鲁谟斯、木骨都束等30多个国家，甚至有可能到过澳大利亚。

这七次航行的规模之大、人数之多、组织之严密、航海技术之先进、航程之长，在当时都是世界之最。

郑和下西洋图

八仙与龙宫的恩怨

《东游记》
DONGYOUJI

何仙姑

《东游记》又名《上洞八仙传》、《八仙出处东游记》，共2卷56回，作者为明代吴元泰。本书内容为八仙的神话传说，记叙铁拐李、汉钟离、吕洞宾、张果老、蓝采和、何仙姑、韩湘子、曹国舅八位神仙修炼得道的过程。

吴元泰，字不详，号兰江，里居及生卒年均不详，约明世宗至清嘉靖末前后在世。好为通俗小说，著有《东游记上洞八仙传》二卷（《中国通俗小说书目》），与杨致和的《西游记》、余象斗的《南游北游二记》合称《四游记》。

《东游记》中记载八仙得道成仙，受王母之邀赴蟠桃大会，归途中经过大海时，吕洞宾提出诸仙不要再同来时一样乘云而过，须各以物投水，乘所投之物而过。

于是，铁拐李投铁杖及葫芦于水中，自立其上，乘风逐浪而渡；蓝采和以花篮投水中而渡；韩湘子以横笛投水中而渡；吕洞宾以长剑投水而渡。

八仙过海

  其余张果老、曹国舅、汉钟离、何仙姑等亦各以纸叠驴、玉版、芭蕉扇、莲花投水中而渡。这就是"八仙过海，各显神通"的由来。

  海中龙子眼红八仙宝物，遂兴起风浪妄图强夺，八仙愤然迎战，双方展开恶斗。八仙法力高强，轻易击败龙子，龙王派兵将为其子助阵，也被八仙杀败，无可奈何之下便请天兵来剿灭八仙。观音得知此事，赶来出面调停，双方这才和解。

铁拐李　　　　　曹国舅 　　　　　吕洞宾

遍访海外寻找花仙
《镜花缘》
JINGHUAYUAN

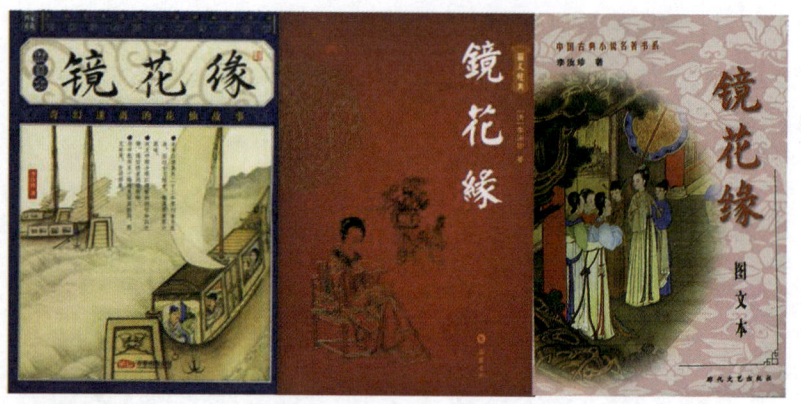

《镜花缘》

　　《镜花缘》，清代百回长篇小说，是一部与《西游记》、《封神榜》、《聊斋志异》同辉璀璨、带有浓厚神话色彩、浪漫幻想迷离的中国古典长篇小说。作者清代著名小说家李汝珍以其神幻诙谐的创作手法引经据典，奇妙地勾画出一幅绚丽斑斓的彩图。

　　武则天废唐改周时，一日，天降大雪，她因醉下诏百花盛开，不巧百花仙子出游，众花神无从请示，又不敢违旨不尊，只得开花，因此触犯天条，被贬到人间。

　　百花仙子托生为秀才唐敖之女唐小山。

　　唐敖赴京赶考，中得探花，却被奸人陷害革去功名。唐敖对仕途感到灰心丧气，便随妻兄林之洋、舵工多九公出海经商。他们路经30多个国家，见识了各种奇人异事、奇风异俗，并结识由花仙转世的女子。

在"君子国"商人收低价讨好货，国王严令禁止臣民献珠宝，否则烧毁珠宝并治罪；"大人国"的脚下有云彩，好人脚下是彩云，坏人脚下是黑云，大官因脚下的云见不得人而以红绫遮住；"女儿国"里林之洋被选为女王的"王妃"，被穿耳缠足；在"两面国"里的人前后都长着脸，每个人都有两个面孔，前面一张笑脸，后面浩然巾里藏着一张恶脸，这些人都虚伪狡诈；"无肠国"里的人都没有心、肝、胆、肺，他们都贪婪刻薄；"豕喙国"中的人都撒谎成性，只要一张嘴，就都是假话，没有一句是真的；"踵国"里的人僵化刻板……

后唐敖入小蓬莱山求仙不返，他的女儿唐小山思念父亲心切，逼林之洋带她出海寻父，游历各处仙境，来到小蓬莱，从樵夫那得到父亲的信，让她改名"闺臣"，去赴才女考试，考中后父女再相聚。唐小山改名唐闺臣回去应试，武则天开科考试才女，录取百人，一如泣红亭石碑名序。才女们相聚"红文宴"，各显其才，琴棋书画、医卜音算、灯谜酒令，人人论学说艺，尽欢而散。

李汝珍著书图

镜花缘图画

清朝民间海洋传说
《聊斋志异》
LIAOZHAIZHIYI

蒲松龄

　　蒲松龄是清代著名文学家、小说家，山东省淄博市淄川区洪山镇蒲家庄人，字留仙，一字剑臣，号柳泉居士，世称"聊斋先生"。蒲松龄出生于一个逐渐败落的地主家庭，书香世家，自幼喜欢民间文学，广泛搜集精怪鬼魅的奇闻异事。

　　《聊斋志异》，简称《聊斋》，俗名《鬼狐传》，是中国清代著名小说家蒲松龄的著作。书共有短篇小说491篇。题材非常广泛，内容极其丰富。《聊斋志异》的艺术成就很高。它成功地塑造了众多的艺术典型，人物形象鲜明生动，故事情节曲折离奇，结构布局严谨巧妙，文笔简练，描写细腻，堪称中国古典短篇小说之巅峰。

　　本书内容丰富多彩，故事多采自民间传说和野史轶闻，将花妖狐魅和幽冥世界的事物人格化、社会化，充分表达了作者的爱憎感情和美好理想。作品继承和发展了我国文学中志怪传奇文学的优秀传统和表现手法，情节幻异曲折，跌宕多变，文笔简练，叙次井然，被誉为我国古代文言短篇小说中成就最高的作品集。

鲁迅先生在《中国小说史略》中评论此书"专集之最有名者";郭沫若先生为蒲氏故居题联,赞蒲氏著作"写鬼写妖高人一等,刺贪刺虐入骨三分";老舍也评价过蒲氏"鬼狐有性格,笑骂成文章"。

在《聊斋志异》中,有许多关于海洋的神话传说。如《海大鱼》一节描述了海中如同海岛一般的大鱼,身长足有数里,如同崇山峻岭,这应该是对鲸鱼的描述;在《龙》、《龙肉》等节中描述了与龙相关的传说;《八大王》中讲述了巨鳖报恩的故事;在《罗刹海市》一节中,描述了一座海中都市,这里人都以丑为美,以美为丑;在《仙人岛》一节,描述了海上仙人岛以及岛上仙人的生活……这些鲜活生动的笔墨为后世留下了宝贵的文化遗产。

蒲松龄故居

聊斋插图

师夷之长技以制夷

《海国图志》
HAIGUO TUZHI

魏源

《海国图志》是一部划时代的著作，打破了传统的夷夏之辨的文化价值观，摒弃了九洲八荒、天圆地方、天朝中心的史地观念，树立了五大洲、四大洋的新的世界史地知识，传播了近代自然科学知识以及别种文化样式、社会制度、风土人情，拓宽了国人的视野，提出了"师夷之长技以制夷"的概念，开辟了近代中国向西方学习的时代新风气。

1840年鸦片战争爆发，由于战事的失利，魏源义愤填膺，爱国心切，于1841年3月愤然弃笔从戎，投入两江总督、抵抗派将领裕谦幕府，到定海前线参谋战事。

1841年8月，魏源在镇江与被革职的林则徐相遇，两人彻夜长谈。他受林则徐嘱托，立志编写一部激励世人、反对外来侵略的著作。他以林则徐主持编译的《四洲志》为基础，广泛搜集资料，编写成《海国图志》50卷。此后，他对《海国图志》一再增补，10年后，全书达到100卷。

在《海国图志》一书的序中，魏源写道："是书何以作？曰：为以夷攻夷而作，为以夷款夷而作，为师夷长技以制夷而作。"

《海国图志》是中国近代史上最早的一部由国人自己编写的有关世界各国情况介绍的巨著,除了以《四洲志》为基础外,先后征引了历代史志14种,中外古今各家著述70多种,另外,还有各种奏折十多件和一些亲自了解的材料。应当注意的是,其史料来源还有外国人的著述。其中,如英国人马礼逊的《外国史略》、葡萄牙人马吉斯的《地理备考》等20种左右的著作。

《海国图志》是中国近代第一部较为详尽、系统的世界历史、地理、科技著作,书中系统地介绍了西方各国的地理、历史、政治状况和许多先进科学技术,如火轮船、地雷等新式武器的制造和使用。所记各国气候、物产、交通贸易、民情风俗、文化教育、中外关系、宗教、历法、科学技术等,被誉为国人谈世界之"开山之作"。遗憾的是,此书问世后并未得到闭关锁国的清政府的重视,却被善于学习的日本人得到,引导日本民族发奋学习西洋长技,从而走向了富强。

林则徐

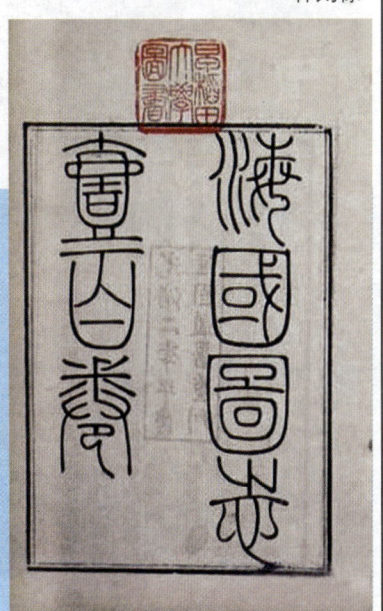

魏源与《海国图志》

听海洋的美与壮阔

《听潮》
TING CHAO

海潮

鲁彦,浙江镇海人,原名王衡臣,又名王衡、王鲁彦、返我,现代小说家、翻译家。鲁彦是以乡土文学代表作家的身份确立他在现代中国文学史上的地位的,他的创作以半殖民地化的中国江南小镇为背景,描摹了浙东农村的人情世态、民风习俗,显示了朴实细密的写实风尚。

《听潮》是一篇借景抒情的优美散文,鲁彦20世纪30年代的作品《听潮的故事》的前半部分。描述了作者与妻子在海边"佛国"听潮的一段经历。

本文通过描写大海的变化,海潮涨落的情景,讴歌大海的雄壮美和它的伟大力量。

作者抓住大海落潮、涨潮初起和涨潮达到高峰时声音、情态的不同,感受的不同,运用拟人、比喻等修辞手法,以"听"为中心,用细腻的笔触,从听觉、视觉、触觉、嗅觉等多角度,依次描绘出海睡图、海醒图、海怒图,具有音乐美、意境美,突出了"海的美、海的伟大"这一中心。

标题一个"听"字，意境全出，"潮"本来是一种视觉形象，用听觉来写，别有一番韵味。鲁彦在文中着重从听觉的角度，用文字来塑造声音的形象，表现了大海落潮时静态的"柔美"和涨潮时动态的"壮美"，讴歌了大海的伟大力量，表达了其热爱大海、热爱生活的积极向上的人生态度。

本文无论是其结构设计，还是语言表达；无论是其题材的选取，还是其主题的开掘，都可谓是匠心独具。以抒情散文的语言，景语亦为情语，景中寓情，情融于景。从描写大海的角度看，人物的心情感受起了衬托作用；从表达人的心情角度看，描写大海正是表达对大海的溺爱之情。然而写景从来就不是单纯写景，而是要借景抒情。本文作者简直把大海写活了，这与其说是在写大海，毋宁说是在抒发作者自己的情怀，表达自己的人生见解。

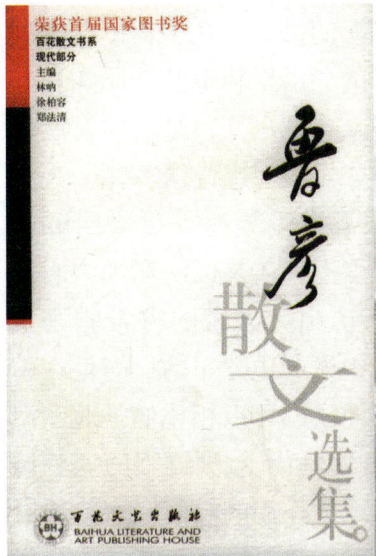

鲁彦与他的作品

异域涛声 血与火的汹涌波涛

西方的海洋文化
XIFANG DE HAIYANG WENHUA

爱琴海

世界古文明的发祥地几乎都在河流谷地，唯独发源于爱琴海的古希腊文明是个例外。作为整个西方文化根基的古希腊文化，是在爱琴海的沿岸及其星罗棋布的岛屿上发展起来的，沿岸狭窄的平原和良好的港口，岸外众多的小岛，是早期发展航海和形成海洋文化的理想背景。

希腊文明源自爱琴海，后来西欧的历史在很大程度上也还是以海洋为中心展开。无论是亚历山大大帝的古希腊马其顿王国，或者是后来的罗马帝国，都是围绕地中海周边分布的，海就在中间。中国在历史上苦于北方游牧民族的入侵，而欧洲可以相比的是北欧海上的维京人，从8—11世纪维京人的海盗征战，改写了欧洲许多国家的历史。14—17世纪，在欧洲垄断贸易、起过重要政治作用的汉萨同盟，也是以德国北岸的卢贝克港为中心，由围绕波罗的海的城市联合而成的。

古希腊神话里有众多有关海洋之神，从海神波塞冬到俄刻阿诺斯与泰西斯夫妇，而这类神话往往具有实际航海生活作为基础，不只是凭空的想象。

波塞冬神殿遗址

海上蛮族维京人

"文艺复兴"以后的西方学术界，重视实践、亲自动手，关于海洋观察方面，16世纪瑞典人所作的北海海图，不但标识了海岸与海洋动物，而且所画的海冰的分布与涡流也被现代的遥感观测所证实，具有高度的科学性。

麦哲伦

进入"大航海时代"后，哥伦布发现新大陆、麦哲伦环球航行等一系列航海事件让航海热再次升温，也催生了一大批以海洋为背景的文学作品。在这些作品中，人们向大海发起挑战，并获得财富和荣耀。与中国的海洋文化比起来，西方的海洋文化在很多时候都显得更加现实，也更加残酷，这与西方航海的发展史是分不开的。

哥伦布

国王的征战与漂泊
荷马史诗
HEMA SHISHI

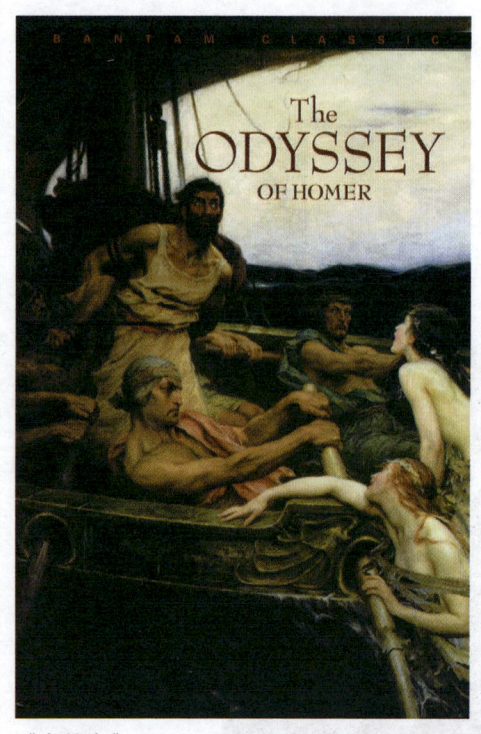

《奥德赛》

《奥德赛》又译《奥德修记》,本书被后人细分为24卷,主要是连接伊利亚特的剧情,讲述的是希腊英雄奥德修斯在特洛伊战争中取胜及返航途中的历险故事。

荷马是古希腊著名的盲诗人,相传记述特洛伊战争及有关海上冒险故事的古希腊长篇叙事代表作史诗《伊利亚特》和《奥德赛》,是他根据民间流传的短歌综合编写而成的。

《奥德赛》的主要情节是希腊半岛几个国家联合进攻特洛伊城,国王奥德修斯刚得贵子,便告别妻子,出海远征特洛伊。

战争的第十年,奥德修斯用木马计攻陷敌城,赢了特洛伊战争,希腊军胜利凯旋。在回家的航程中,奥德修斯激怒了海王波塞冬,波塞冬掀起滔天巨浪,差点让希腊的船队全军覆灭,奥德修斯凭借自己的机智和勇敢终于逃过一劫。可是因为波塞冬的愤怒未息,奥德修斯找不到回家的航线,只能在大海里漂流,一路上历尽劫难。

奥德赛壁画

海妖

荷马头像邮票

特洛伊木马

在途经海妖盘踞的海岛时，为了不被海妖的歌声迷惑，奥德修斯要求其侍从将他捆绑在桅杆上，而他的侍从们用蜡堵住了自己的耳朵，因此才逃过一劫。

奥德修斯与女巫共枕5日，世间已经过去了5年，女巫指点奥德修斯通过冥土回家。奥德修斯在阴间遇到了自己的母亲，得知其妻仍在忠贞等待。

离开女巫之后，奥德修斯又漂到仙女岛，被仙女软禁了几年，直到宙斯命仙女放他回家。

奥德修斯失踪十余年，母亲投海自尽，权贵逼其妻改嫁，然其妻坚定反抗。雅典娜把奥德修斯化成老人回宫，设计在比武中射杀了聚集在他宫中向他妻子逼婚的众多贵族，并与忠贞不渝的妻子佩涅洛佩和勇敢的儿子忒勒马科斯团圆。

在大人国和小人国
《格列佛游记》
GELIEFO YOUJI

乔纳森·斯威夫特

《格列佛游记》是乔纳森·斯威夫特的一部杰出的游记体讽刺小说，作者用丰富的讽刺手法和虚构幻想的离奇情节，深刻地剖析了当时的英国社会现实。

小说以外科医生格列佛的四次出海航行冒险的经历为线索，一共由四部分组成。

第一卷：利立浦特（小人国）游记。

外科医生格列佛随航途中遇险，死里逃生，漂到利立浦特国，被小人捆住献给国王。在格列佛的帮助下，利立浦特国打败了同样是小人国的"不来夫斯库"帝国，但是格列佛不愿灭掉不来夫斯库帝国，这使皇帝很不高兴。

这时，皇后寝宫失火，格列佛情急生智，用尿把火扑灭，谁知却让皇后大为恼火，小人国君臣串通一气准备除掉格列佛。格列佛听到风声逃出利立浦特国，最后平安回到英国。

第二卷：布罗卜丁奈格（大人国）游记。

格列佛又一次出海时，遭遇风暴，被刮到了一个陌生的陆地，那里的居民身高犹如铁塔，他被大人国的一位农夫带到各城镇表演展览，让他耍把戏，供人观赏。

异域涛声 35

格列佛游记

后来一只鹰错把格列佛住的箱子当成乌龟叼了起来，几只鹰在空中争夺，箱子掉进海里，被路过的一艘船发现，格列佛获救后，乘船回到英国。

第三卷：勒皮他（飞岛国）游记。

在家待了一段时间，格列佛又随"好望"号出海，途中遭贼船劫持，格列佛侥幸逃脱，被一座叫"勒皮他"的飞岛救起。岛上的人相貌异常，衣饰古怪，整天沉思默想。国王和贵族都住在飞岛上，老百姓则住在巴尔尼巴比等三座海岛上。格列佛离开飞岛后，又来到海岛上游览一番，然后辗转回到英国。

第四卷：慧骃国游记。

格列佛被放逐到"慧骃国"，马是该国有理性的居民和统治者。而"列胡"则是马所豢养和役使的畜生。格列佛的举止言谈在"慧骃国"的马民看来是一只有理性的"列胡"。"慧骃国"决议要消灭列胡，格列佛只好乘小船离开该国打道回府。

勇敢的阿拉伯船长
《一千零一夜》
YIQIAN LING YI YE

《一千零一夜》是阿拉伯民间故事集。相传古代印度与中国之间有一个萨桑国,国王山鲁亚尔生性残暴,每日娶一少女,翌日清晨即将其杀掉。宰相的女儿山鲁佐德为拯救无辜的女子,自愿嫁给国王,用讲述故事的方法吸引国王,每夜讲到最精彩处,天刚好亮了,使国王爱不忍杀,允她下一夜继续讲。她的故事一直讲了一千零一夜,国王终于被感动,与她白首偕老。

航海家辛巴达的故事出自阿拉伯著名故事集《一千零一夜》,讲述了航海家辛巴达七次航海的冒险之旅。

年轻时的辛巴达因为贫困潦倒,不得不背井离乡出海经商,谁知道第一次出海就遇到了小岛一样的大鱼,掉落海中差点淹死,随后漂流到一座岛上,在这里见到许多神奇的情景,还当上了官。

《辛巴达历险记》

后来他乘坐的商船来到这个国家,将他带回了故乡,还赚了一大笔钱。

惊险刺激而又收获颇丰的航程让辛巴达迷上了航海,一次次地踏上出海的航船。

在第二次航海中,辛巴达遇到了巨大的秃鹰和利用秃鹰采集钻石的珠宝商人,他将商人们采集钻石用的羊肉绑在自己身上,被秃鹰带着逃离山谷绝地。

在第三次航海中,辛巴达在猿人山遭遇了凶残的猿人、巨大的食人怪兽和食人巨蟒,全靠着勇气和智慧才逃得性命。

在第四次航海中,辛巴达来到一座小岛,被岛上的食人族抓住,差点变成食人族国王的午餐,受尽折磨之后才逃了出来,来到一个国家后教导这里的人制作马鞍,因此赚了大钱,还在这里结了婚,但差点为自己的妻子陪葬。

在第五次航海中,辛巴达的船被秃鹰袭击沉没,漂流到一座荒岛上,在这里被海老人缠住差点丧命,全靠计谋才得以脱身,来到一座城市,利用猴子来采椰子,赚到了不少钱。

辛巴达

在第六次航海中,辛巴达乘坐的船迷路触礁沉没,差点儿在岛上饿死,最终凭着坚定的信念逃离绝地,还成了某个国家的重臣,并作为朝觐哈里发的使者回到了故乡。

在第七次航海中,辛巴达的船被鲸鱼袭击沉没,漂流到了荒岛上,他收集材料制作小船逃生,来到一座繁华的大都市,在这里生活了27年,结了婚并继承了一大笔财产,最终,辛巴达又回到了自己的故乡。

辛巴达

小男孩的寻宝之旅

《金银岛》
JINYIN DAO

罗伯特·路易斯·斯蒂文森是英国著名作家，是19世纪末新浪漫主义文学的代表，他善于写新奇浪漫的事物，他笔下常出现具有高贵品质的贫民、流浪汉、孤儿的形象。

《金银岛》是斯蒂文森最畅销的小说之一，叙述少年吉姆一行人去海上荒岛寻找海盗埋藏财富的冒险故事。这部小说给作者带来了巨大声誉，并开创了掘宝题材小说的先河。

《金银岛》是斯蒂文森所有作品中流传最广的代表作，其故事情节起源于斯蒂文森所画的一幅地图。

1881年冬，新婚不久的斯蒂文森携夫人和养子回到苏格兰的住所。此时天气十分寒冷，屋外雨雪纷飞，全家人只好整天待在屋内烤火。斯蒂文森的养子劳埃德·奥斯本——一位12岁的男孩要求他干一些有趣的事情来打发时光。于是斯蒂文森拿起画笔，画了一幅题为"金银岛"的海岛地图，并把岛上的小山、河流和海港一一命名。

斯蒂文森

斯蒂文森后来回忆道:"当我望着'金银岛'地图时,本书中未来人物的面孔一一浮现在我的脑海里,他们在这几平方英寸的平面图上为探宝而厮杀搏斗,来回奔走。我记得我做的第二件事便是铺开一张纸,在上面写出本书各章目。"

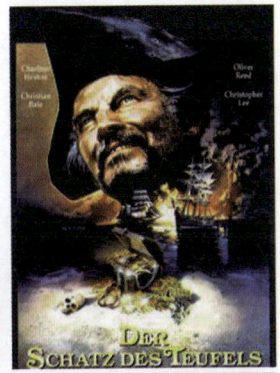

《金银岛》

这本故事书的特点是情节变化万千,像大海的波涛,连绵起伏,一个接着一个,一浪比一浪高,紧紧扣着读者的心弦。但是,这本故事书也并不是只靠情节来出奇制胜,更重要的是这些情节里面反映出的中心思想。小说的名字是《金银岛》,但是恰恰相反,它告诉读者最宝贵的不是金银,而是人性的爱和正义感。在那些海盗斗争的一群人中,中心人物就是吉姆,他对人友好,善恶分明,在夺宝的斗争中激发了他的机智和勇敢,最终取得了胜利。吉姆的对立面,西尔也是个性格鲜明的角色,他也可以说是有计谋、有胆量的人,但是他走的是罪恶之路,所以最终被人们所唾弃。

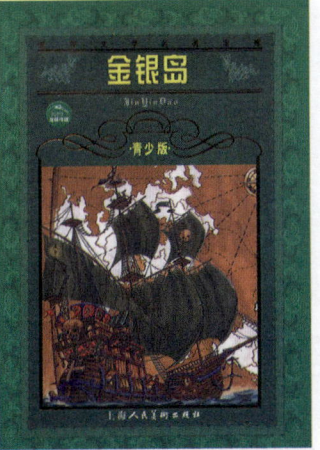

超越时代的大预言

《海底两万里》
HAIDI LIANGWANLI

《海底两万里》是法国科幻小说家儒勒·凡尔纳的代表作之一，是一部出色的悬念小说，于1869年11月28日出版，初一出版就得到读者的欢迎。

《海底两万里》是凡尔纳的三部曲的第二部，第一部是《格兰特船长的儿女》，第三部是《神秘岛》。本书主要讲述的是"诺第留斯"号的故事。

1866年，有人以为在海上见到了一条独角鲸，法国生物学家阿龙纳斯最后发现那是一艘名为"诺第留斯"号的潜艇，并且和仆人康塞尔及捕鲸手尼德兰被"诺第留斯"号的尼摩船长囚禁在这艘潜艇做了海底两万里的环球旅行。

在旅途中，阿龙纳斯一行人遇到了无数美景，同时也经历了许多惊险奇遇。他们眼中的海底，时而景色优美，令人陶醉；时而险象丛生，千钧一发。

儒勒·凡尔纳

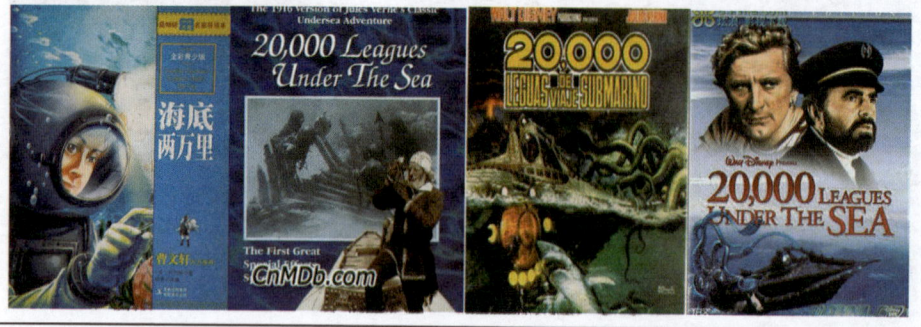

《海底两万里》

《海底两万里》插图

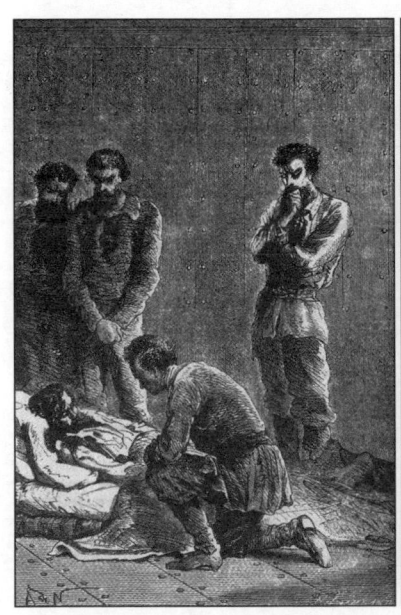

  通过一系列奇怪的现象,阿龙纳斯终于了解到神秘的尼摩船长仍与大陆保持联系,用海底沉船里的千百万金银来支援陆地上人们的正义斗争。10个月之后,在机缘巧合下,这3个人终于在极其险恶的情况下逃出了"诺第留斯"号潜艇。这时,生物学家才得以把这个海底秘密公诸于世。

  小说从海面上"怪兽"出没、频频袭击各国海轮使市民人心惶惶开始,到"鹦鹉螺"号被大西洋旋涡吞没为止,整部小说悬念迭出,环环相扣。

  《海底两万里》描绘的是人们在大海里的种种惊险奇遇。潜艇在大海中任意穿梭,海底时而险象丛生,千钧一发,时而景色优美,令人陶醉。美妙壮观的海底世界充满了异国情调和浓厚的浪漫主义色彩,体现了人类自古以来渴望上天入地、自由翱翔的梦想。凡尔纳没有到过海底,却把海底的景色描写得如此生动,读来引人入胜,使读者身临其境,表明他具有非凡的想象力。本书中的许多幻想在今天已经变成了现实,比如电能、潜艇、海底养殖等,这充分说明了作者深厚的科学底蕴和高度的前瞻性。

捕鲸船的悲壮故事
《白 鲸》
BAIJING

《白鲸》是19世纪美国最重要的小说家之一赫尔曼·梅尔维尔于1851年发表的一篇海洋题材的小说。

赫尔曼·梅尔维尔是美国著名小说家、散文家和诗人，曾经做过农夫、职员、教师、水手、海军等工作，《白鲸》是他以其海上经历为事实依据写成的。

《白鲸》讲述了亚哈船长为了追逐白鲸莫比·迪克，最终与白鲸同归于尽的故事。

故事营造了一种让人置身海上航行、随时遭遇各种危险甚至是死亡的氛围，是作者的代表作。小说场面宏阔博大，思想内涵复杂，哲理性很强，而且文笔沉郁瑰奇，堪称杰作，被誉为"时代的镜子"和"美国想象力最辉煌的表达"。

赫尔曼·梅尔维尔与《白鲸》

《白鲸》是一部融戏剧、冒险、哲理、研究于一体的鸿篇巨制。

依托美国资本主义上升时期工业发达、物质进步的时代背景，作者将艺术视角伸向了危险重重却又财源丰厚的捕鲸业。在与现实生活的相互映照中，作者寓事于理，寄托深意，或讲历史，谈宗教；或赞自然，论哲学，闲聊中透射深刻哲理，叙述中揭示人生真谛，不但为航海、鲸鱼、捕鲸业的科学研究提供了丰富的材料，而且展现了作家对人类文明和命运的独特反思。

白鲸莫比·迪克

在今天，这部表面看似杂乱无章、结构松散的皇皇巨著被冠以各种形式的名字：游记、航海故事、寓言、捕鲸传说、有关鲸鱼与捕鲸业的百科全书、美国史诗、莎士比亚式的悲剧、抒情散文长诗、塞万提斯式的浪漫体小说……它就像一座深邃神奇的艺术迷宫，呈现出异彩纷繁的多维性、开放性和衍生性，具有开掘不尽的恒久艺术价值。

《白鲸》的电影广告与插图

隐喻人类社会的海
《海上扁舟》
HAISHANG BIANZHOU

斯蒂芬·克莱恩是美国著名的文学家，在他短暂一生中创作了许多优秀著作。

1896年，斯蒂芬·克莱恩去古巴采访，途中轮船遇到风暴。他根据这次经历写成的短篇小说《海上扁舟》，细致地描写了四个人怎样在茫茫大海中挣扎与战斗，是美国短篇小说中的一个名篇。评论界认为他与女诗人艾米莉·狄更生同为美国现代诗歌的先驱。

《海上扁舟》是斯蒂芬·克莱恩的巅峰之作，篇幅虽然短小，但包含了丰富的哲理性。

《海上扁舟》

小说从存在主义的角度来探寻克莱恩关于人类自身生存状况的探索，以船上四个社会背景和地位不同的人共同在汹涌的大海上与海浪搏击，来隐喻人类自身生存的现状——人类生存的世界是一个荒诞、虚无和不确定的世界，为了给自身的生存赋予一种实际的意义，人类不得不在荒诞和虚无中进行积极的选择，在这种选择中体现人性力量的强大。

克莱恩试图在残酷而纷乱的世界里建立和寻求人性的价值,将具体细节和人物的心境融合在特定的环境里,在他的叙述中,大海的强大和个体的弱小形成强烈的对比。在小说中,我们看不到小船上的人惶恐的内心,而只能听到挣扎的声音,声音来自人性的本能,来自潜意识生存的欲望。犹如被猎豹追逐的角马,留下奔跑的痕迹和寻求希望的叫声。在克莱恩的笔下,我们能看到真实的情感,在自然状态下,如何抗拒外在力量的心态。

克莱恩把读者的视线和感觉置身于"波浪汹涌的大海中",摆脱死亡的撕咬,就像行走在生与死之间。在日常经验中,死亡对于每个个体来说仿佛是一件遥远的事情,但遥远的背后,是无法摆脱的宿命。小船的四个人希望看到有人的海岸线,这是他们唯一的祈求,沙滩、灯塔、树木、村庄成为另一种象征,另一种生存的符号。在逆境中求生的人,容易产生一种"整体感","整体感"是力量的凝聚,是生存的延续,这是克莱恩这篇小说所表现出来的普遍意义。

斯蒂芬·克莱恩

到大海中快乐成长

《水孩子》

SHUI HAIZI

《水孩子》是英国19世纪作家查尔斯·金斯利所著的一部儿童文学经典名著，亦为其儿童文学创作的代表作。

查尔斯·金斯利是英国著名作家，同时也是一位牧师。他帮助创立了基督教社会主义、一场将基督教教义和社会主义原理相结合的改良运动。金斯利在儿童书籍方面有很高的成就，其中最著名的是以希腊神话为原型的《英雄们》和《水孩子》。

在《水孩子》中，作者以亲切而风趣的笔调、优美而简洁的文笔，生动地讲述了一个扫烟囱的孩子汤姆如何变成水孩子，并在仙女的感化、教育和引导下，闯荡大千世界，经历各种奇遇，克服性格缺陷，最后长大成人的美丽故事。

这本书讲述了一个男孩儿怎样成为一个男子汉的故事。

《水孩子》

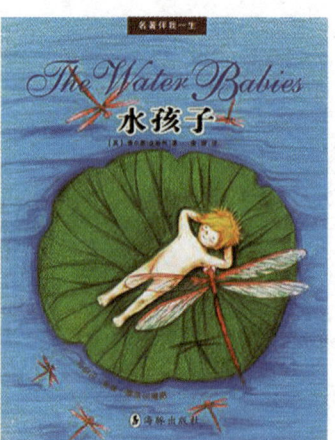

  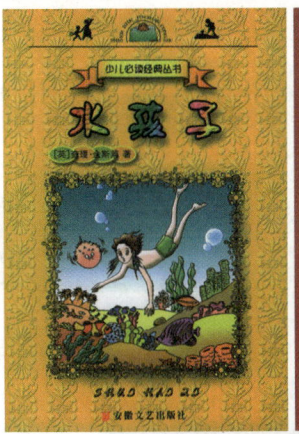 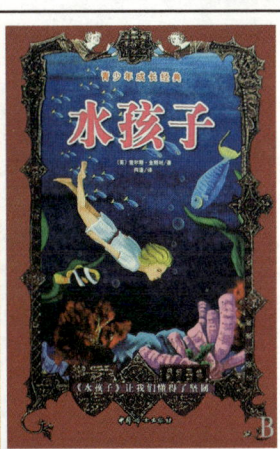

各种不同译本的《水孩子》

作品中充满了各种讽喻，亦不乏劝诫，但它们在作者幽默诙谐的笔调和生动奇特的想象之下，读来丝毫也不冰冷生硬，而是妙趣横生，令人忍俊不禁。

本书中寄托了作者对自己的孩子和所有孩子的希望：爱清洁，行善事，勇敢正直，健康成长，成为博闻广识、心胸开阔的人。在小说中，汤姆听到的声音是："下海去！下海去！"他得到的教导是：世界是如此的精彩，如果他想成为一个男子汉的话，就必须到外面的世界闯一闯。他必须像每一个降生到这个世界上的人一样，完全靠自己在外面闯。用自己的眼睛看，用自己的鼻子闻，睡自己做的床，玩火就烫痛自己的手指头……

作品中那些对于现代文明弊病和生硬教育方式的隐晦的抨击，即便是成人读后，也不免掩卷沉思。而作者对于真理、正义、善良、慷慨、无私、真诚、勤劳、勇敢等美好品质的拥护和赞颂以及对于虚伪、邪恶、凶残、贪婪、自私、狡猾、懒惰、怯懦等丑陋品质的憎恶和谴责，至今具有不朽的意义。

美人鱼的爱情故事

《海的女儿》
HAI DE NÜER

安徒生

《海的女儿》是丹麦著名童话作家汉斯·克里斯蒂安·安徒生的童话中最脍炙人口的名篇。

安徒生的童话作品被译为150多种语言在全球陆续发行出版，还被多次改编成电影、舞台剧、芭蕾舞剧、电影、动画等。

《海的女儿》讲述了美丽善良的小人鱼到人间寻找不灭灵魂的动人故事。

在15岁生日的那一天，居住在海底美丽的小人鱼公主来到海面，第一次看到了海面上的世界。

这时附近刚巧发生了海难，小美人鱼看到一位年轻王子落入水中，眼看就要沉入海底，她急忙游过去，拼尽全力救起王子将他送到海边，然而她却因为无法登上陆地，只得回到海里。王子醒来时看到的是另一位年轻姑娘，以为她就是自己的救命恩人。

经过这件事，小美人鱼爱上了王子，也爱上了人类。当她倾听祖母讲述人类那些不朽的灵魂后，她决定要变成人类，获得人鱼永远不可能拥有的灵魂。

《海的女儿》

小美人鱼找到可怕的海底女巫,以自己最宝贵的美妙嗓音换来了神奇的药水。当她把这药水喝下去后,她就再也不是小人鱼了,也回不到海底了。她的鱼尾变成能轻快地跳舞的双腿模样,但每走一步却疼痛钻心。

小美人鱼来到陆地上,找到了那位年轻的王子。王子发现小美人鱼有世界上最好的心,但仍然无法忘记他那另一位"救命恩人"。小美人鱼因为失去声音,永远无法将真相告诉王子,而她的生命也正在飞快地流逝。

午夜,船上的聚会气氛欢乐,王子与邻国公主的婚礼即将举行。谁也不知道,第二天清晨的第一束阳光将使小美人鱼灭亡。

小美人鱼的姐姐们用她们美丽的长发换来了女巫的消息:"只要用刀刺中王子的心,就可以拥有鱼尾回到海底。"她们为小美人鱼带来了刀,希望能拯救自己的妹妹。

小美人鱼把刀抛入浪花中,在清晨的第一缕阳光中化成了泡沫,飞入空中。

海的女儿雕塑

梦幻岛与铁钩船长
《彼得·潘》
BIDE PAN

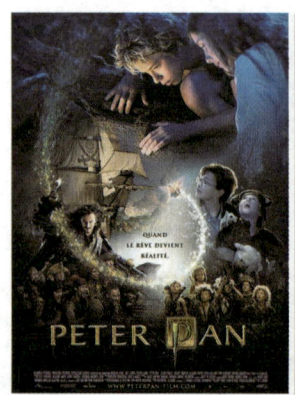
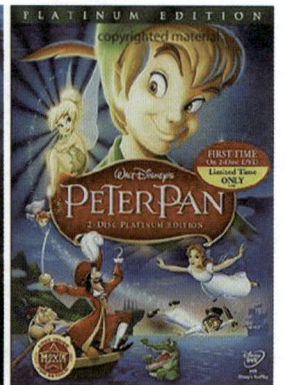
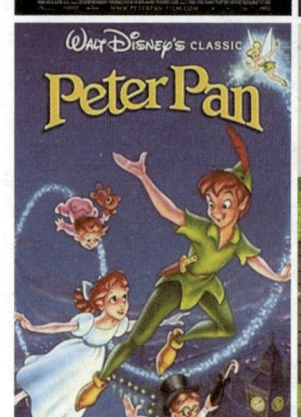

《彼得·潘》

《彼得·潘》诞生在英国著名儿童作家詹姆斯·巴里的笔下，詹姆斯·巴里是英国著名的小说家、剧作家，他擅长以幽默和温情的笔调描述苏格兰农村的风土人情，他一生为孩子们写了许多童话故事和童话剧，而《彼得·潘》则是他的代表作，影响最大。

故事的主角是一个名叫温蒂的女孩，她与她的弟弟约翰和迈克生活在维多利亚时代，整天被呆板而顽固的父亲压抑着童年的快乐和梦想，他们梦想着有一天，能够学会在天上飞，这样他们就可以飞离令他们讨厌的家。

在一个黑暗的夜晚，神秘的小飞侠彼得·潘飞到了他们的窗前，不但教会他们飞翔，还带他们飞到了美丽的梦幻岛上，这里有美人鱼、豪爽的印第安酋长，以及横行附近海面的坏蛋海盗。

小飞侠带着温蒂他们来到了一个隐蔽的树洞,这就是他们在梦幻岛上的家,平时他们在海盗船的深处探险,晚上累了就回到树洞休息游戏。

快乐的生活被无恶不作的海盗铁钩船长和他手下的海盗们打破了,为了保护自己的朋友,小飞侠与铁钩船长展开一场激战……

《小飞侠》小说出版后立刻引起了轰动,曾经数次被搬上舞台戏院。1953年,迪士尼出品了小飞侠动画影片,后来桑迪·邓肯主演的舞台剧也在百老汇戏院上演。1991年好莱坞著名导演斯彼尔伯格根据《小飞侠》的故事拍摄了《虎克船长》,影片中装着一支铮亮铁钩的海盗头目虎克船长的形象深入人心,几乎成为人们心目中海盗的标准形象。2003年,《小飞侠》的故事再一次被搬上了大荧幕,借助先进的影像科技在大荧幕上构造出了一个更加美丽炫目的"梦幻岛"。

詹姆斯·巴里

以《彼得·潘》改编为电影的海报

坚强水手的英雄赞
《鲁滨逊漂流记》
LUBINXUN PIAOLIU JI

《鲁滨逊漂流记》插图

丹尼尔·笛福是英国著名作家,英国启蒙时期现实主义小说的奠基人,被视作英国小说的开创者之一,其代表作《鲁滨逊漂流记》闻名于世,鲁滨逊也成为与困难抗争的典型模范。

小说讲述的是一个名叫鲁滨逊·克鲁索的英国水手因船沉而流落到了无人的荒岛,并在荒岛上度过了28年的故事。

在遭遇海难流落到荒岛上以后,鲁滨逊运用自己的头脑和双手,修建住所,种植粮食,驯养家畜,制造器具,缝纫衣服,他靠自己的双手,凭着自己的智慧,花了几十年的时间把这个荒岛变成了"世外桃源",还勇敢地救了一个土著人"星期五"和他共同生活,就在鲁滨逊快要放弃回到英国的希望的时候,他却得到了离开荒岛的机会,经过重重困难,鲁滨逊最终回到了自己的故乡。

笛福在书中塑造了一个勇于面对自然挑战的新型人物——鲁滨逊·克鲁索。他不屑守成,倾心开拓,三番五次地抛开小康家庭,出海闯天下。为此,笛福博得了"英国和欧洲小说之父"的称号。

这部小说是笛福受当时一个真实故事的启发而创作的。1704年9月一名叫亚历山大·赛尔科克的苏格兰水手在海上与船长发生争吵，被船长遗弃在南美洲大西洋中，离智利644千米之遥的安·菲南德岛长达四年之久。四年后他被伍兹·罗杰斯船长所救，此时他已成了一个野人。笛福以赛尔科克的传奇故事为蓝本，把自己多年来的海上经历和体验倾注在人物身上，并充分运用自己丰富的想象力进行文学加工，创造出鲁滨逊这个经典的人物形象。

丹尼尔·笛福

《鲁滨逊漂流记》故事中的情节引人入胜，叙事的语言通俗易懂，是一部雅俗共赏的好作品，一经问世就风靡英国。小说从出版至今，已出了几百版，几乎译成了世界上所有的文字，成了世界文学宝库中一部不朽的名著。

《鲁滨逊漂流记》

蛮荒大海上的思考

《海狼》
HAI LANG

杰克·伦敦在创作

杰克·伦敦,原名为约翰·格利菲斯·伦敦,美国著名的现实主义作家。

《海狼》是杰克·伦敦的长篇名著之一,讲述了在"魔鬼"号捕海豹船上发生的动人心弦的故事。作者带领读者进入豪放粗犷的大海和荒野,体验蛮荒生活的冷酷无情,感受人类原始凶残的黑暗面和生命的光辉。

《海狼》被公认为是海上题材里写得最好的小说之一。这个故事写得动人而有史诗韵味,获得了很大的成功。杰克·伦敦善于细致刻画某一场景、画面或短小的一串动作,而不是错综复杂的人物关系和立体丰满的人物形象。

故事取材于杰克·伦敦在北太平洋捕捉海豹的经历。他在伦敦供职的船正是一艘海豹捕猎船,作业路线也和小说中相同。

《海狼》中关于"魔鬼"号海豹捕猎船、其航行活动、海上神秘莫测的风光气候以及水手海上生活等的许多描述,都是以杰克·伦敦的亲身经历和经验为蓝本的。

小说着重塑造了"海狼"拉森和亨甫莱·凡·卫登两个人物,通过两者的冲突表现了不同思想的碰撞,融合了作家本人对于人生哲学的思考。

海狼拉尔森是一个怪人,有强壮的身体和灵活的头脑,以野蛮人的方式与野蛮人殴斗,又以文明人的方式与文明人交谈。他的头脑中满是野蛮的思想,他读书只是为了从中找出可以支持自己观点的论据。拉尔森有一套很奇怪的理论,而他不仅不相信上帝、永生的存在,甚至不相信人的精神。在他的眼里,人与世界上千千万万动物一样,纯粹是为生存而生存,什么理想、道德,一切不能用来补充力量的空谈都是屁话。

《海狼》中谈到那永远无人可解的难题:"人为什么要活着?"按拉尔森的说法,"生命像是酵母,大吞小才可以维持他们的活动,强食弱才能保持他们的力量。""为了要吃要喝而活动,因为可以继续活动,就是这样。他们为肚子而生活,为生活而吃饱肚子,这是一个循环。"

对拉尔森最好的总结是书中这句原话:"我相信他十足是个原人,生晚了几千年,或者说许多代,在这文明达到高峰的世纪,是一种时代错误。"

由《海狼》改编成电影的海报

杰克·伦敦与《海狼》

本能与理智的挣扎

《吉姆爷》
JIMU YE

吉姆爷是波兰裔英国作家约瑟夫·康拉德的代表作。康拉德在英国文学史上有突出重要的地位，被誉为英国现代八大作家之一。

康拉德本人是一名优秀的水手，所以他笔下的角色也有很多都是水手，康德拉将他自己身上作为水手的优点投射在角色身上：超人的勇敢，面对强大的对手（大海）毫无畏惧；严密的纪律，任何时候都要服从以船为单位的集体；坚忍不拔的毅力，任何环境下都力争最后的胜利，不达目的决不罢休；强烈的责任感，无论何时何地都要记住水手的职责。

约瑟夫·康拉德

康拉德擅长描写海洋生活，但他与许多"海洋小说家"不同，他注意的不是惊险的事件，而是惊险的事件在人们意识中的反映。他认为，如果忽略了人们的思想情感，艺术就失去了意义。他的作品往往染有悲观和神秘的色彩，主人公多为特殊环境中的异常人物，有沉重的心理负担，最后不得不远走他乡，处于孤独之中。

故事的主人公吉姆在"帕特纳"号上做大副，年轻有为，雄心勃勃，决心在这个世界上混出个模样。在一次远航中，满载乘客的"帕特纳"号遭遇海难，即将沉没。

约瑟夫·康拉德与《吉姆爷》

吉姆对以船长为首的船上的官员不顾乘客性命，拼命去争夺有限的几只救生艇的行为极为鄙视，不屑和他们为伍。他决意和一船乘客共患难。

但在最后的关键时刻，吉姆被恐惧和混乱吓破了胆，在求生本能的驱使下最终还是跳上了救生艇，跳到了他曾经厌恶过的同伴中。

然而"帕特纳"号并没有沉没，吉姆和他的同伴也成了贪生怕死的丑闻人物，法庭因此判他们失职罪，没收了他们航海的证件。

为逃避舆论的谴责和他人的目光，吉姆从一地躲到另一地，最后来到一群几乎与世隔绝的土著人中间，在这里赢得了土著人的尊敬，成为"吉姆爷"。就在他正得意时却又犯下错误，引发了另一幕悲剧。

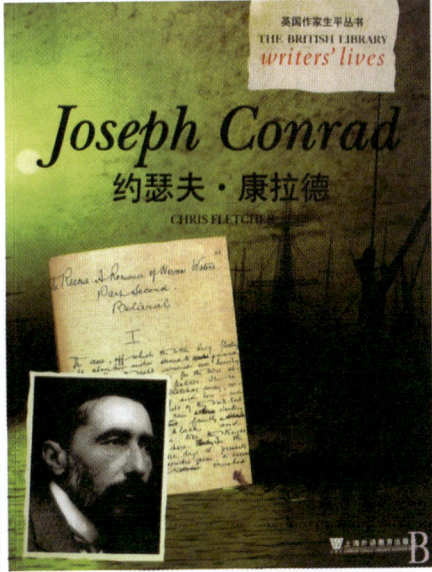

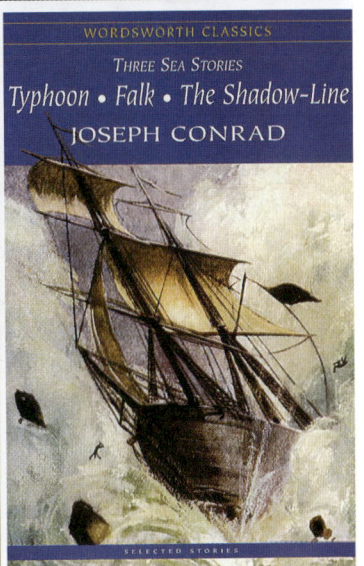

海洋挑战者的颂歌

《冰岛渔夫》

BINGDAO YUFU

皮埃尔·洛蒂

皮埃尔·洛蒂,原名于里安·维欧,海军出身的法国著名作家,《冰岛渔夫》是他的代表作之一。

《冰岛渔夫》取材自法国布列塔尼北部地区的渔民生活,讲述了世世代代靠渔业为生的"冰岛人"的故事。

这个勤劳勇敢的航海民族,每年要在冰岛海面度过漫长的春季和夏季,直到秋天才能返回家园。这项艰苦而危险的职业,不知葬送了多少生命。

海是这部小说真正的主人公,是一个丰满完整的艺术形象。

作者集中了自己全部海上生活的感受,施展了自己全部的艺术才华来刻画它的形象。他写海,那可不是一般人在海滨休假时看见的、在阳光下蓝得可爱的海,而是性格复杂、喜怒无常、蕴藏着无限的力量和神秘莫测的意愿的海。这海像人一样有生命、有感情、会嫉妒、会发怒,它有时温柔娴静,有时凶恶狂暴,有时严峻阴郁,有时清澄明朗……

他写海上的太阳,种种不同状貌的太阳:冰岛夜半时分苍白而阴冷的太阳,赤道线上光华灿烂的血红的太阳,多雨的布列塔尼地区所罕见的光线柔和的太阳;他写海上的云雾,那以各种不同形态运动着的,蕴涵着不同意义的云和雾;还有那海上的风,或似低声呻吟,或如野兽般嗥叫的风;还有那奇异壮观的海市蜃楼,种种变幻无穷的海上奇景……海上一切光怪陆离的自然现象,一切可能遭遇的意外事故,都在他笔下以一种单纯、朴素的方式,娓娓动听地描述出来。

在这部小说里,海作为自然力的代表,始终凌驾在人类之上,主宰着人类的命运。对于贫瘠荒凉的布列塔尼沿海地带的渔民,海是他们赖以生存的唯一条件,又是吞噬他们生命的无情深渊。在这个地区,从来没有谈情说爱的春天和欢乐活跃的夏天,整个春季和夏季都在焦虑中度过,直到秋季来临,渔船从冰岛返航。然而在冬日的欢聚中,连快乐也是沉重不安的,始终笼罩着一片死亡的阴影。

《冰岛渔夫》

皮埃尔·洛蒂在中国的照片

战舰上的爱恨情仇

"本特"号三部曲
BENTE HAO SANBUQU

《叛舰喋血》、《怒海征帆》、《孤岛恩仇》是英国作家查·诺德霍夫和美国作家詹·诺·霍尔合著的"本特"号三部曲。

第一部《叛舰喋血》讲述的是英国装甲运输舰"本特"号开往南太平洋,任务是从塔希提岛采集面包果树苗运往西印度群岛。回国途中,大副克里斯琴因不堪舰长布莱的残暴和压迫而率众暴动。舰长等19人被逐出大船,在海上漂流,似乎必死无疑。"本特"号返回塔希提。一部分叛乱分子跟随克里斯琴,带着许多男女土著,驾驶着"本特"号乘风远扬,不知所终。其余的人留在岛上,各自找到美丽的情侣。塔希提的异国风光犹如天堂,可惜好景不长,英舰"潘多拉"号突然出现在岸边,把留在岛上的"本特"号船员一网打尽。

"本特"号三部曲

第二部《怒海征帆》叙述布莱等19人被逐出"本特"号后，坐上一条敞篷小船（干舷高度还不到9英寸），食物淡水都少得可怜，手里又无火器，而周围不是汹涌的大海，就是嗜食人肉的野人，似乎死无葬身之地了。但他们忍受着极度的饥渴，战胜了野人的攻击，穿过一大片地图上尚未标明的海域，掠过世人尚未发现的斐济等岛屿，避开了海龙卷的袭击，度过了烈日和风暴的熬煎，连续航行了5822千米，终于来到荷属东印度群岛的帝汶，从而获救回国。

第三部《孤岛恩仇》讲述"本特"号的叛乱分子回到塔希提后分成了两拨，一拨留在岛上，另一拨由克里斯琴带着登上"本特"号来到皮特克恩岛，以逃脱英国海军的搜捕，但这座小岛却并不是世外桃源，当初登上小岛的27人，在短短几年内就死去了16人，其中竟有15人死于非命。

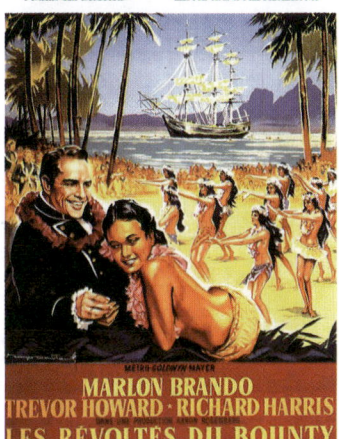

"本特"号三部曲封面

改编电影的海报

作者严格遵循史实，多处引用原始材料，并且由于作者十分熟悉海上生活以及南太平洋土著的语言习俗、生活环境和心理素质，因此写得真切动人。书中涉及的范围也很广，诸如海洋学、地理学、航海学、社会学、民族学、语言学、法律学等都有关联，可以看出作者在这些方面的深厚功底。

人类与海洋的绝唱
《老人与海》
LAOREN YU HAI

海明威

《老人与海》是海明威于1951年在古巴写的一篇中篇小说，是海明威最著名的作品之一，于1952年出版。本小说奠定了海明威在世界文学中的突出地位，对于他1954年获得诺贝尔文学奖也起了重要作用。

《老人与海》讲述了一位老年的古巴渔夫与一条巨大的马林鱼在离岸很远的湾流中搏斗的故事，塑造了一个经典的硬汉形象。

海明威在创作

古巴的一个名叫圣地亚哥的老渔夫，独自一人出海打鱼，在经历了一无所获的84天之后，他钓到了一条无比巨大的马林鱼，这条巨大的鱼拖着小船漂流了整整两天两夜，老人在这两天两夜中经历了从未经受过的艰难考验，终于把大鱼刺死，却又遇上了鲨鱼。老人与鲨鱼进行了殊死搏斗，最终大马林鱼还是被鲨鱼吃光了，老人最后拖回家的只有一副光秃秃的鱼骨架。

"人尽可以被毁灭,但却不能被打败。"这就是《老人与海》想揭示的哲理。不可否认,只要是人就都会有缺陷。当一个人承认了自己的缺陷并努力去战胜它的时候,无论最后是捕到一条完整的马林鱼,还是一副空骨架,这都已经无所谓了,因为一个人的生命价值已在那追捕马林鱼的过程中充分地体现了。曾经为自己的理想努力追求过、奋斗过,难道他不是一个胜利者吗?

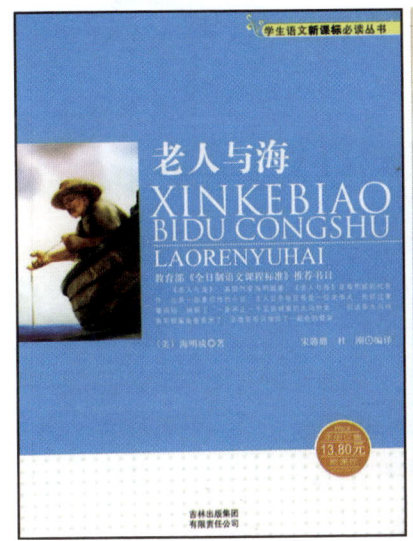  

《老人与海》

人性是强悍的,人类本身有自己的限度,但正是因为有了老渔夫这样的人一次又一次地向限度挑战,超越它们,这个限度才一次次扩大,一次次把更大的挑战摆在了人类面前。在这个意义上,老渔夫圣地亚哥这样的英雄,不管他的挑战限度是成功还是失败,都是值得我们永远敬重的。因为,他带给我们的是人类最为高贵的自信!

人生本来就是一种无止境的追求。它的道路漫长、艰难,而且充满坎坷,但只要自己勇敢顽强地以一颗自信的心去迎接挑战,他将永远是一个真正的胜利者!

永不言败,这就是《老人与海》告诉我们的。

时空交叉的散文诗
约翰·班维尔的《海》
YUE HAN BANWEIER DE HAI

约翰·班维尔

约翰·班维尔是一位敏锐而多产的爱尔兰评论家，同时也是一位多次获奖的小说家，2005年获得著名的英语文学奖——布克奖，他的小说主题涉及面广，创作技法新颖脱俗，语言清晰流畅。

《海》以第一人称讲述了一位名叫马克斯·莫顿的伤感中年艺术史学家，为忘却丧妻之痛回到儿时曾度过一个暑假的爱尔兰海边小镇。

这是一部关于成长的故事，也是一部关于衰老的故事。小说中，遥远的过去发生的一系列事件给马克斯·莫顿留下了刻骨铭心的痛楚，最近痛丧配偶又给他带来了无法消弭的创伤，这两种伤痛经历以一种独特的形式交织在一起，构成了一幅以忧伤为基调、以爱情为主线、以往事回忆与现实杂糅的风俗图画，让人欣赏起来不忍释卷。

故事情节以叙述者马克斯·莫顿为中心，他时而生活在现实生活，时而回到半个世纪前；时而生活在妻子安娜在世的过去，时而与女儿谈话回到现实生活。

班维尔运用娴熟的心理描写技法，使莫登娓娓道来的讲述那么自然、令人信服。班维尔在叙述中加入了对人生、对生死观的哲学思考，不仅帮助叙述者重新找回自己的童年，也让他在讲述人生成熟经历时给人以深层的思索。半个世纪夹杂着情与爱、欢乐和哀愁倏然而去，使人不禁感叹"逝者如斯夫"，然而，亘古不变的是海洋。海洋见证了一切，承载了一切。

英国布克奖评委会评论《海》，认为其运用了约翰·班维尔精准而优美的散文体语言，既包含着对人生缺失的妥协，也有对记忆和认知的非同寻常的反思。它完全令人信服，又有着深刻的感动和阐述，毫无疑问，是伟大的语言大师最好的作品之一。《海》对悲痛、记忆和冷静的爱进行了精妙的探讨。在班维尔的作品中，你可以清晰地感觉到乔伊斯、贝克特和纳博科夫的影子。

生活中的约翰·班维尔

不同版本的《海》

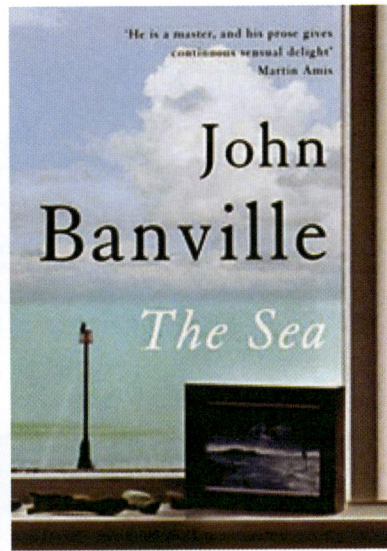

图书在版编目（CIP）数据

大海传奇/红将编写.—北京：海洋出版社，
2012.5
（蔚蓝世界海洋百科丛书）
ISBN 978-7-5027-8273-3

Ⅰ.①大… Ⅱ.①红… Ⅲ.①海洋-文学-青少年读物
②海洋-少年读物 Ⅳ.①P7-49

中国版本图书馆CIP数据核字（2012）第097246号

责任编辑：张晓蕾
责任印制：赵麟苏

海洋出版社 出版发行
www.oceanpress.com.cn
北京市海淀区大慧寺路8号（100081）
北京画中画印刷有限公司印刷
新华书店发行所经销
2012年5月第1版 2012年5月第1次印刷
开本：889mm×1194mm 1/24
字数：65千字
印张：3
定价：12.00元
发行部：62132549 邮购部：68038093 图书中心：62100038

海洋版图书印、装错误可随时调换